AF313900

LES ESPÈCES AFFINES ET LA THÉORIE DE L'ÉVOLUTION

Par M. Ch. NAUDIN, membre de l'Institut.

Un nouveau mémoire de M. Alexis Jordan (1), lu au congrès de l'*Association française pour l'avancement des sciences*, réuni à Lyon le 28 août 1873, ayant ramené l'attention des savants sur la question toujours si débattue de l'Espèce, je me propose, dans les pages qui vont suivre, d'examiner le point de vue auquel le célèbre novateur s'est placé, et d'essayer de faire voir quelles conséquences résulteraient de ses principes si on les appliquait, dans toute leur rigueur, à la partie systématique de l'histoire naturelle.

Cette tâche, que je n'entreprends qu'à la sollicitation de quelques amis, est difficile et délicate. M. Jordan est un observateur perspicace, patient, consciencieux, auquel la science doit beaucoup d'intéressantes découvertes. Plein d'estime pour son caractère et pour ses travaux, ce n'est pas sans hésitation et sans crainte que je me permets de combattre ici celles de ses idées qui me paraissent inacceptables ; mais il voudra bien ne voir dans cette critique, toujours courtoise, que le désir de mettre en lumière ce que je crois être la vérité, ainsi que celui d'appeler le jugement des botanistes sur mes propres idées. Le sujet est devenu aujourd'hui si important, qu'on ne doit pas craindre de l'envisager sous toutes ses faces.

I

Quelques personnes ont été étonnées que, dans le seul *Draba verna* de Linné, M. Jordan ait pu découvrir jusqu'à deux cents formes distinctes, qu'il déclare être de véritables espèces, toutes autonomes, irréductibles entre elles, et dont il faut dorénavant tenir compte dans nos travaux de botanique systématique. Cependant d'autres morcellements d'espèces linnéennes, dont quelques-unes sont devenues classiques sous ce rapport, avaient déjà préparé les esprits à ce cas particulier de l'application du principe de M. Jordan. Il est incontestable, selon moi, et tous les botanistes qui se sont occupés de distinguer et de décrire des espèces ont pu le vérifier, qu'un bon nombre de celles de Linné, sinon même toutes, ne sont que des assemblages de formes affines, souvent fort nombreuses. La question est donc de savoir lequel vaut mieux de considérer ces formes affines comme réellement indépendantes, sans parenté originelle, immuables, en un mot comme autant de créations distinctes et primordiales, ou de les rattacher à titre de races et de variétés à un ancêtre

____

(1) *Remarques sur le fait de l'existence en société, à l'état sauvage, des espèces végétales affines, et sur d'autres faits relatifs à la question de l'Espèce; par M. Alexis Jordan.* Lyon, 1873; Paris, chez F. Savy, rue Hautefeuille, 24.

commun, qui contenait en germe toutes les différences qu'elles présentent aujourd'hui. Je crois que c'est bien ainsi que la question doit être posée, et, si je ne me trompe, nous nous retrouvons en face de l'éternel problème du commencement de la vie sur notre planète, problème qui divise tant de bons esprits et qui a déjà fait naître tant d'hypothèses ingénieuses et tant de disputes passionnées.

L'invariabilité et la persistance des formes à travers un nombre indéterminé de générations sont, pour M. Jordan, le critérium de l'Espèce. Pour tous ceux qui croient à l'Espèce absolue, primordiale et immuable, ce sont bien là en effet les caractères qu'il faut lui attribuer, et M. Jordan ajoute avec raison « que rejeter ce critérium de la permanence héréditaire, c'est s'ôter toute possibilité d'établir des distinctions solides, c'est tout réduire à de simples hypothèses, à l'arbitraire, à la fantaisie des appréciations individuelles ; c'est, en un mot, donner pour fondement à la science le scepticisme, ce qui revient à la détruire ». La logique est inflexible, et il est évident que si l'on admet cet à priori, il n'y a aucune raison pour rejeter, si nombreuses et si voisines qu'elles soient les unes des autres, les espèces de l'école jordanienne. Il suffira qu'on puisse saisir entre elles une différence jugée permanente, fût-elle infinitésimale, pour qu'il y ait obligation de les admettre dans les cadres de la science, de les décrire et de leur donner des noms. Le nombre total des espèces d'une Flore ou d'une Faune (car la zoologie n'échapperait point à cette conséquence) pourrait en être décuplé, centuplé même, que ce ne serait point un motif pour en exclure celles de ces espèces qu'on trouverait embarrassantes ou trop faiblement caractérisées.

Malheureusement (ou heureusement peut-être), ce critérium de la permanence héréditaire depuis l'époque de la création du monde, cette pierre philosophale des naturalistes classificateurs, est une pure hypothèse qui ne pourra jamais être vérifiée. Dire qu'on croit à la primordialité et à l'immutabilité des formes organiques, c'est tout simplement faire un acte de foi. Les expériences de M. Jordan, auxquelles d'ailleurs j'accorde toute confiance, démontrent bien l'*état actuel* des espèces affines, de ces formes plus ou moins tranchées qu'on est convenu d'appeler des variétés ou des races, mais elles ne nous disent rien de leur origine ; elles ne nous apprennent pas si elles datent de la création même, ou si elles sont sorties postérieurement, par simple variation, d'une forme antérieure, plastique et susceptible de se résoudre en formes secondaires. Conclure d'une trentaine, ou même d'une centaine d'années d'observations, à la primordialité et à l'immutabilité de ces formes affines, c'est manifestement aller au delà de la portée des expériences.

On pourrait toutefois admettre la conclusion de M. Jordan si l'on n'avait à lui opposer des expériences contradictoires des siennes et qui ont eu lieu sur l'échelle la plus large. Je veux parler de celles qu'ont faites, le plus souvent sans intention, les cultivateurs de tous les pays et de tous les temps. Par suite de semis répétés des milliers de fois, dans les conditions les plus variées de sols et de climats, on a vu se multiplier, au delà de toute prévision, les formes dérivées, parmi lesquelles un triage intelligent et longtemps continué a conservé les plus avantageuses au point de vue du cultivateur. C'est presque un axiome de culture, aujourd'hui, que le semis des graines fait naître des formes nouvelles, et le fait est si bien attesté, que beaucoup de jardiniers en ont fait une industrie lucrative. Tant qu'il ne s'est agi que des antiques races économiques, celles du Blé, de l'Orge, de la Vigne, des arbres fruitiers, de nos divers légumes, etc., M. Jordan a pu, sans être réellement contredit, les considérer comme autant de types spécifiques, antérieurs à toute culture et restés semblables à eux-mêmes à travers des milliers de générations; mais il ne saurait espérer le même succès au sujet des races ou variétés modernes, issues, sous nos yeux, d'espèces tant indigènes qu'exotiques, qui étaient parfaitement caractérisées et homogènes au moment où la culture s'en est emparée. On compte aujourd'hui par centaines, et l'on pourrait dire par milliers, ces formes artificielles sur lesquelles il ne saurait y avoir le moindre doute, et dont la plupart sont trop connues pour qu'il y ait utilité à les citer ici. On en trouvera d'ailleurs la nomenclature et la description dans tous les livres de jardinage.

Variétés *artificielles*, soit, pourra répondre M. Jordan, mais les formes ou espèces affines dont je vous parle sont *naturelles* ; elles n'ont point été façonnées de main d'homme ; elles ont plus de stabilité que vos prétendues races issues de la culture et qui ne sont pour moi que des variations individuelles ; de plus elles croissent en société, à côté les unes des autres, sans se confondre, sans s'hybrider, comme il convient à de bonnes espèces congénères. — Je reconnais la force de l'objection, mais je fais tout de suite observer que si l'art a pu changer, dans une mesure quelconque, la figure de quelques espèces, c'est que ces espèces n'étaient pas nécessairement immuables et qu'elles possédaient intrinsèquement la faculté de se modifier, quand les conditions extérieures le permettaient. Il est, selon moi, de toute évidence que si les formes spécifiques étaient aussi irréductibles, aussi invinciblement immuables que M. Jordan le suppose, elles n'auraient cédé à aucun effort tenté sur elles ; elles auraient péri ou seraient restées, à l'état de culture, telles que la nature les avait faites. Quant à la stabilité de ces races et variétés dans les générations successives, on peut dire qu'elle est de tous les degrés : quelques-unes se reproduisent aussi fidèlement que les espèces sur lesquelles on dispute le moins ; d'autres manifestent dans leur descendance une certaine disposition à varier encore ou à se rapprocher de la forme originelle ; enfin il en est chez lesquelles la forme acquise disparaît à la première génération. Mais cette infériorité des races artificielles comparées aux races naturelles s'explique suffisamment par leur nouveauté : nées d'hier, elles ne comptent encore qu'un trop petit nombre de générations pour que l'hérédité y déploie l'énergie qu'elle montre dans des races vieilles de plusieurs siècles ou de plusieurs milliers d'années. Quant à la persistance des formes dans les races antiques et les espèces proprement dites, elle tient, selon moi, à une cause spéciale, sur laquelle je m'expliquerai plus loin.

Il suffit qu'on sache que les formes spécifiques peuvent s'altérer ou se modifier dans un sens et dans une mesure quelconques par la culture, par le dépaysement ou par toute autre influence encore indéterminée, pour qu'on soit suffisamment autorisé à croire que des changements semblables ont eu lieu dans la nature et sans la participation de l'homme. Toutes les Flores et toutes es Faunes constatent cette croyance ; elles constatent de même les divergences des botanistes et des zoologistes sur le titre à donner aux formes affines, où les uns voient ce qu'ils appellent de *bonnes espèces*, les autres de simples *sous-espèces*, des *races* ou même de simples variétés qui ne valent pas la peine d'être citées ; et personne n'ignore que de ces divergences d'opinion est née une déplorable complication de la nomenclature. Le terme seul de *synonymie*, qui revient à tout instant sous la plume des descripteurs, atteste cette anarchie des idées et ce malheur de la science.

C'est qu'il y a là une des plus grandes difficultés des sciences morphologiques, difficulté qui va croissant à mesure que les recherches s'étendent, que les collections s'enrichissent, que les formes intermédiaires se multiplient entre celles que leur isolement rendait jusque-là facilement discernables, à mesure aussi que les naturalistes descripteurs fouillent plus profondément les détails de l'organisation. Il y a là, en un mot, la *subjectivité*, c'est-à-dire la faculté, variable d'homme à homme, de sentir et de juger, et qui s'opposera toujours à ce que l'unanimité se fasse sur des points qui échappent à toute règle précise. Excepté en mathématiques, les hommes disputent sur tout et en tout : en philosophie, en politique, en esthétique, en matière religieuse et même en morale. Comment pourrait-on espérer qu'ils s'accordassent jamais sur la qualification à donner à ces formes affines, dont les différences sont souvent si peu sensibles que l'œil le plus exercé a de la peine à les apercevoir, et cela quand il est déjà impossible de définir *objectivement* l'Espèce, la **Race** et la **Variété** ?

M. Jordan, qui n'est pas homme à déguiser sa pensée, nous dit (*l. c.*, p. 14) qu'il croit à l'Espèce « comme l'humanité entière y a toujours cru, comme les savants de tous les temps et de tous les pays y ont cru jusqu'à Lamarck, inventeur de la théorie du transformisme, qui a été restaurée et réduite en formules, de nos jours, par Darwin et ses sectateurs. Partout et toujours, ajoute-t-il, jusqu'à ces modernes théoriciens, on a cru à la diversité originelle des types spécifiques et l'on a pris pour critérium de la distinction des espèces l'hérédité et l'universalité des caractères qui les font reconnaître ». Je ne puis partager cette confiance de M. Jordan à l'unanimité du genre humain sur un point de doctrine comme celui-ci. Cette unanimité eût-elle existé, il n'y aurait rien à en conclure ; elle ne serait pas plus une preuve de la primordialité et de l'invariabilité des espèces que la croyance, universelle jusqu'à Copernic, à l'immobilité de la terre ne prouvait cette immobilité. Sans doute la notion abstraite d'*Espèce* a existé chez tous les peuples arrivés à un certain degré de culture intellectuelle ; elle figure dans les Catégorèmes d'Aristote, et plus tard dans ces Universaux de la philosophie scolastique du moyen âge, qui ont été le sujet de si longues et si violentes disputes ; mais il ne s'agissait là que de l'*espèce philosophique*, et nul ne songeait encore à lui donner la forme concrète à laquelle les naturalistes ont essayé plus tard de la ramener. La notion de l'Espèce, appliquée aux objets de la nature, n'était pas et ne pouvait pas être chez les anciens ce qu'elle est devenue de nos jours. C'était une idée vague, indéterminée, sans limites précises entre ce que nous appelons le *Genre* et la *Race*, et les mots par lesquels on l'exprimait n'avaient pas le sens arrêté qu'on cherche à lui donner aujourd'hui. Chez les Latins, par exemple, nous voyons le mot *genus* tantôt employé pour désigner des groupes analogues à notre genre actuel, tantôt appliqué à ce qui correspond à nos espèces, à nos races et à nos variétés ; dans tous les cas, ce mot implique des ressemblances qui se transmettent par génération. Le mot *species*, dont le sens est plus restreint, qui fait abstraction de l'origine et ne vise que l'apparence extérieure, s'applique de même à l'espèce, à la race et à la variété. Reconnaissons que l'idée de l'*Espèce scientifique* n'a vraiment commencé à se former dans les esprits que du jour où l'on a entrepris de classer les produits de la nature ; elle est née en même temps que l'idée du *Genre scientifique*, dont elle ne peut être séparée, et ces deux idées connexes se sont développées ensemble et de plus en plus précisées à mesure que les sujets d'étude sont devenus plus nombreux, qu'on en a acquis une connaissance plus exacte et qu'on en a mieux saisi les rapports accusés par les ressemblances et les différences.

Ici il faut remarquer que c'est précisément à l'époque où la science de la nature prenait ses plus grands accroissements, c'est-à-dire vers le commencement du siècle, que s'est formée dans l'esprit de quelques hommes éminents l'idée d'une parenté commune et originelle des espèces congénères, en donnant à cette expression d'espèces congénères son sens le plus large. Déjà Buffon avait eu une vue de cette parenté des espèces ; mais, retenu sans doute par l'influence des idées qui régnaient alors, il ne la développa point. C'est Lamarck qui, le premier, lui donna du corps, un peu prématurément peutêtre, et avec trop peu de faits pour l'appuyer ; mais il faut reconnaître aussi que la grande autorité de Cuvier, partisan déclaré de la création indépendante des espèces, a contribué plus que toute autre cause à arrêter l'essor de la théorie nouvelle. Il ne l'a pas renversée cependant, et l'on sait quelle fortune elle a eue lorsqu'elle a été reprise par MM. Darwin, Wallace, Huxley, Hæckel et quelques autres naturalistes moins célèbres.

Nous nous trouvons donc, ainsi que je le disais plus haut, en face de cette alternative entre les termes de laquelle il faut choisir : ou les espèces, suivant l'hypothèse de Linné, sont primordiales et créées de toutes pièces, indépendamment les unes des autres, par l'Être infini (1), et se conservent inaltérables dans le cours des générations, et cette définition nous conduit directement à la doctrine de M. Jordan, qui n'est qu'une application plus rigoureuse du principe de Linné ; ou bien les formes spécifiques actuelles, fortement ou faiblement caractérisées et quelque qualification qu'on leur donne (*espèces, sous-espèces, races, variétés*), sont issues de formes ancestrales moins nombreuses, qui les contenaient virtuellement et dont elles se sont séparées à diverses époques pour devenir ce qu'elles sont aujourd'hui. En d'autres termes, les formes actuelles dériveraient d'un premier type, doué de plasticité, dont la descendance se serait modifiée en formes nouvelles, toujours analogues dans un même genre, mais non identiques entre elles, ne se transformant point les unes dans les autres, et capables elles-mêmes de se diviser et de se subdiviser en un nombre indéfini de formes secondaires, de plasticité décroissante et de moins en moins caractérisées comme espèces. Ce procédé de multiplication des formes est ce qu'on appelle l'*évolution*, et, rigoureusement, il équivaut à une création prolongée. Nous verrons tout à l'heure à quelles conséquences différentes on sera conduit suivant qu'on adoptera l'une ou l'autre de ces deux hypothèses ; mais auparavant examinons en quelques lignes comment la seconde a pu naître et sur quels principes elle repose.

II

Il n'est pas nécessaire de refaire l'histoire des sciences pour rappeler que plusieurs d'entre elles se sont profondément modifiées, quelques-unes même transformées, depuis moins d'un siècle, et que, par leur progrès même, de nouvelles voies ont été ouvertes à l'esprit humain et ont donné naissance à des sciences nouvelles. Ce rapide et prodigieux développement a été puissamment aidé, d'ailleurs, par une industrie multiple, savante elle-même, tout à fait sans précédents dans les siècles écoulés, et qui leur a livré, d'une part de grandes expériences toutes faites, d'autre part des instruments d'une rare perfection, sans lesquels les découvertes modernes les plus importantes n'auraient pu être faites. Rien ne prouve mieux la solidarité des sciences entre elles et avec l'industrie. Mais en même temps que les moyens d'observation se multipliaient, que les procédés de recherches scientifiques devenaient plus rigoureux et plus féconds, que les découvertes s'ajoutaient aux découvertes et que de nouveaux horizons s'ouvraient aux savants, la science unifiée, la science universelle, la philosophie, en un mot, grandissait de tous les accroissements

______

(1) Voici les propres termes de la définition de Linné : « *Species tot sunt quot diversas formas ab initio produxit Infinitum Ens ; quæ formæ, secundum generationis inditas leges, produxere plures, at sibi semper similes. Ergo species tot sunt quot diversæ formæ seu structuræ hodiedum occurrunt.* » (Linn. *Philos. bot.* 2ᵉ édition, § 157.)

des sciences particulières, et, s'élevant à des conceptions de plus en plus larges, ramenait avec une sûreté infaillible le nombre immense des phénomènes à un petit nombre de lois générales. Une de ses plus grandes conceptions, qui domine toute la science et s'impose à tous les esprits, est la *loi* ou *principe de continuité*, traduction scientifique moderne du vieil adage : *Ex nihilo nihil, et in nihilum nihil*. L'indestructibilité de la matière (1) et la permanence de la force, toutes deux assujetties à changer perpétuellement de figure, toujours équivalentes à elles-mêmes dans leurs transformations successives, sont une des plus belles expressions de ce grand et fécond principe de continuité.

Je ne crois pas me tromper en affirmant que c'est le sentiment de la continuité des choses et de l'enchaînement nécessaire des phénomènes qui a fait naître l'idée de la parenté réelle des organismes que leurs analogies de structure rapprochent les uns des autres dans toutes les classifications naturelles. Voici deux plantes, deux animaux, qui se distinguent l'un de l'autre par quelques points et qu'on regarde comme spécifiquement différents, mais qui se ressemblent cependant assez pour qu'on les réunisse dans un même groupe générique. On reconnaît par là qu'ils ont des analogies réciproques ; mais ce fait d'avoir des analogies serait-il sans facteurs ? Ce serait une contradiction au principe de continuité, et la plus vulgaire logique conduit à lui chercher une cause. Or, de toutes les causes assignables aux ressemblances de ces deux êtres, il n'en est pas de plus naturelle et de plus simple que celle qui, rentrant dans la loi de continuité, rattache à une forme ancestrale commune l'origine de toutes ces ressemblances. Ces ressemblances sont un héritage, elles sont innées, et les dissemblances qui font ranger les deux êtres dans deux groupes spécifiques différents, sont le résultat d'une évolution que la plasticité de l'ancêtre commun rendait possible et qui a été déterminée par une cause quelconque, intrinsèque ou extrinsèque. Je n'ai pas besoin d'ajouter que le même raisonnement s'applique aux genres analogues, aux familles, aux classes et à tous les groupes de plus en plus généraux, jusqu'au Règne, qu'on arrive ainsi à concevoir, par induction, comme tiré tout entier d'un protoplasma primordial, uniforme, instable, éminemment plastique, où le Pouvoir créateur a tracé d'abord les grandes lignes de l'organisation, puis les lignes secondaires, et, descendant graduellement du général au particulier, toutes les formes actuellement existantes, qui sont nos espèces, nos races et nos variétés.

(1) Il serait peut-être plus exact de dire l'*indestructibilité de la substance*, car la matière ne nous est connue qu'à l'état d'agrégats, et toutes ses propriétés ne sont autre chose que des fonctions de la force, modifiée à l'infini en passant par les constructions moléculaires des agrégats matériels. L'essence même de la matière est inconnaissable. Il se peut que tous les corps simples soient consubstantiels et qu'ils ne diffèrent entre eux que par le volume ou la forme de leurs atomes. Si cette hypothèse pouvait être vérifiée, il faudrait admettre que les atomes ne sont point l'état primitif, mais seulement un état de la substance, déjà modifiée et différenciée. Dans ce cas, la matière, prise au sens vulgaire du mot, quoique étant le soutien de tous les phénomènes observables, ne serait elle-même qu'un phénomène plus général et plus compréhensif.

Cette grande synthèse, résultat direct du principe de continuité, correspond, dans les sciences morphologiques, à l'hypothèse de Laplace en astronomie. Comme cette dernière, elle nous montre le passage graduel de l'homogène à l'hétérogène, de l'informe au figuré, du simple au multiple, de l'organisation la plus élémentaire à l'organisation la plus compliquée. Elle nous montre en même temps l'intégration croissante de la force évolutive à mesure qu'elle se partage dans les formes produites, et la décroissance proportionnelle de la plasticité de ces formes à mesure qu'elles s'éloignent davantage de leur origine et qu'elles sont mieux arrêtées. C'est dire qu'il y a eu, pour l'ensemble du monde organique, une période de formation où tout était changeant et mobile, une phase analogue à la vie embryonnaire et à la jeunesse de chaque être particulier, et qu'à cet âge de mobilité et de croissance a succédé une période de stabilité, au moins relative, une sorte d'âge adulte, où la force évolutive, ayant achevé son œuvre, n'est plus occupée qu'à la maintenir, sans pouvoir produire d'organismes nouveaux. Limitée en quantité, comme toutes les forces en jeu dans une planète ou dans un système sidéral tout entier, cette force n'a pu accomplir qu'un travail limité ; et de même qu'un organisme, animal ou végétal, ne croît pas indéfiniment et qu'il s'arrête à des proportions que rien ne peut lui faire dépasser, de même aussi l'organisme total de la nature s'est arrêté à un état d'équilibre, dont la durée, selon toute vraisemblance, doit être beaucoup plus longue que celle de la phase de développement et de croissance.

Cette mesure dans laquelle la force évolutive a été distribuée aux différents groupes d'êtres vivants est un point important à considérer. Énorme dans le principe, quand elle avait tout à produire, elle s'est nécessairement affaiblie dans les courants entre lesquels elle se partageait, et qui, se divisant eux-mêmes en courants de plus en plus étroits, ne laissaient à chacun de ces derniers qu'une part de cette force proportionnée à leur importance particulière. De là, la durée limitée, quoique fort inégale, de tous les individus, de toutes les espèces et de tous les types d'organisation, dont aucun ne peut être regardé comme éternel. Une multitude de formes organiques, végétales et animales, ont disparu de la surface du globe, et le nombre des espèces, loin d'augmenter comme quelques-uns le croient, ne pourra au contraire que diminuer. Quelques-unes, celles en particulier dont les aires d'extension étaient étroites, ont pu périr de mort violente, soit par quelque accident géologique, soit par une altération locale des conditions d'existence, soit même par la dent des animaux herbivores ou carnivores; mais je soutiens que la majeure partie des extinctions n'a eu d'autre cause que l'épuisement de la force, et que ces espèces ont péri de mort naturelle. La faune et la flore de notre planète s'appauvrissent insensiblement, et la science enregistre déjà dans ses catalogues bien des espèces disparues depuis l'arrivée de l'homme sur la terre, quelques-unes même depuis le commencement de la période historique. Que l'homme ait été souvent la cause de ces destructions, c'est ce que je ne conteste pas ; mais il n'en est pas moins certain qu'indépendamment de toute intervention humaine, des espèces animales et végétales se sont éteintes en très-grand nombre, et qu'il y en a encore dont on peut prévoir la disparition dans un avenir plus ou mois prochain. Il y a plus : dans l'espèce humaine elle-même certaines races sont en voie d'extinction, et cela non par une destruction violente, mais par l'affaiblissement graduel des facultés génératrices et une résistance de moins en moins grande aux causes morbifiques. Elles tomberont d'elles-mêmes, comme une feuille morte ou mourante qui ne tire plus rien du tronc qui l'a nourrie.

III

La théorie évolutive, telle que je la conçois, diffère en plusieurs points importants des vues de M. Darwin, et à plus forte raison de celles que les transformistes ses continuateurs y ont ajoutées. Elle exclut totalement l'hypothèse de la sélection naturelle, à moins qu'on ne change le sens de ce mot pour en faire le synonyme de *survivance*. Dans ma manière de voir, les faibles périssent parce qu'ils sont arrivés à la limite de leurs forces, et ils périraient même sans la concurrence des plus forts ; ils dureraient un peu plus peut-être, mais leur mort ne serait toujours qu'une question de temps. Je repousse de même, et avec plus de raison encore, ces immenses périodes de millions et de milliards de siècles, auxquelles les transformistes sont obligés de recourir pour expliquer comment, de transmutations en transmutations, l'homme a pu sortir d'un mollusque dégradé (une ascidie), en passant par une longue filière de poissons, de batraciens, de reptiles, de quadrupèdes et de singes anthropoïdes. Avant de s'accorder si libéralement ces inimaginables périodes de siècles, ils auraient dû se demander si la terre et le soleil, ce rouage indispensable au déploiement de la vie sur notre planète, sont capables de fournir une si longue carrière. Or les astronomes et les physiciens, seuls compétents ici, ne semblent point disposés à leur faire cette concession. Voici comment s'exprimait le professeur Tait, de l'université d'Edimbourg, dans sa leçon d'ouverture en 1870 (1) :

« Au nombre des progrès remarquables de la philosophie naturelle, il faut citer les travaux de sir William Thomson sur la durée des périodes géologiques. Lyell et Darwin nous avaient surpris et presque épouvantés en exigeant de notre crédulité les plus invraisemblables concessions, au sujet du temps qui s'est écoulé depuis la première apparition des êtres vivants sur notre globe. Il faut à Darwin d'énormes durées pour soutenir jusqu'au bout sa théorie, et il est naturellement ravi de trouver une autorité de l'importance de Lyell pour l'appuyer...... Malheureusement, la philosophie naturelle, par l'organe de sir

(1) Extrait de la *Revue des cours scientifiques*, numéro du 2 avril 1870.

W. Thomson, a aussi son mot à dire sur ce point. Ce savant physicien a déjà démontré par trois preuves physiques, complètes et indépendantes, l'impossibilité de pareilles périodes.

» La première preuve est tirée de l'observation des températures souterraines, qui vont *crescendo* à mesure qu'on descend. Or les lois de la conductibilité calorifique sont aujourd'hui suffisamment connues pour permettre d'affirmer que la Terre était encore rouge à sa surface il y a tout au plus cent millions d'années.

» La deuxième preuve est tirée de la forme de la Terre, combinée avec cette observation récemment faite, que le frottement des marées fait croître continuellement la longueur du jour (1). La Terre tournait donc autrefois plus vite que maintenant, et si elle s'était solidifiée à l'époque qu'indiquent les théories de Lyell, elle aurait pris une forme beaucoup plus aplatie que celle que nous lui connaissons.

» La troisième preuve est déduite du temps pendant lequel le soleil a pu fournir à la terre les radiations nécessaires à la vie des végétaux qui ont servi de nourriture aux animaux. Ici encore il est démontré qu'accorder cent millions d'années, c'est *déjà dépasser de beaucoup* la longueur possible de cette période.

» Toutes ces déductions s'ajoutent l'une à l'autre, mais une seule suffirait pour renverser les prétentions des Lyell et des Darwin, et l'on peut dire comme conclusion que la philosophie naturelle a démontré que la durée passée *maximum* de la vie animale sur notre globe peut être approximativement évaluée à quelques dizaines, à une cinquantaine peut-être de millions d'années tout au plus, et que les progrès ultérieurs de la science n'élèveront jamais cette estimation, mais tendront au contraire à la restreindre de plus en plus. Huxley a naguère essayé d'invalider cette conclusion, mais sa tentative a échoué complétement. »

Quelle est la cause qui a amené les transformistes à invoquer ces millions et milliards de siècles pour expliquer les transmutations dont ils nous parlent? C'est indubitablement le fait irrécusable, en quelque sorte brutal, de la persistance, de la ténacité des formes organiques à travers toutes les générations et malgré la différence des milieux; c'est cette stabilité des espèces qui, aussi loin que nous remontions dans l'histoire, se montrent telles que nous les voyons aujourd'hui. Les plus anciennes momies de l'Égypte nous ont conservé des exemplaires d'hommes, d'animaux et de plantes qui ne diffèrent par rien d'appréciable de ceux de l'époque actuelle. On a cru expliquer cette fixité en disant que le climat de l'Égypte n'a pas sensiblement changé depuis 4000 ans; je réponds que, quand même le climat de l'Égypte aurait changé, les espèces

____

(1) Il est bien entendu qu'il s'agit ici du jour *astronomique* (de vingt-quatre heures), et non du temps pendant lequel le soleil reste au-dessus de l'horizon.

qui auraient résisté à ce changement seraient encore telles qu'elles étaient il y a 4000 ans, parce que dès cette époque reculée elles étaient déjà arrivées à un état d'intégration qui ne permettait plus de changements notables. On s'est beaucoup exagéré les influences du milieu, et en particulier celles du climat, auquel on a toujours voulu faire jouer le principal rôle dans les modifications des êtres vivants ; mais je soutiens que le climat compte pour fort peu sous ce rapport, et que, quand les espèces varient, elles le font en vertu d'une propriété intrinsèque et innée, qui n'est qu'un reste de la plasticité primordiale, et que les conditions extérieures n'agissent qu'en déterminant la rupture d'équilibre qui permet à cette plasticité de produire ses effets.

Ce qui a encore fait illusion aux transformistes, c'est l'idée préconçue (puisée sans doute dans le célèbre adage de Linné : *Natura non facit saltus*) que les modifications des formes organiques ne peuvent s'effectuer que par degrés imperceptibles. Il leur faut, par exemple, plusieurs millions d'années et de générations pour faire passer une corolle régulière à la forme irrégulière, pour faire disparaître une étamine ou transformer une feuille simple en feuille composée. Cette supposition est formellement démentie par les faits. Quand un changement, même très-notable, se produit, il survient brusquement, dans le passage d'une génération à l'autre, et, parmi toutes les modifications des formes spécifiques que l'observation a fait découvrir chez les plantes et chez les animaux, il n'en est pas une seule qu'on ait vue se produire par degrés, dans une série quelconque de générations. La fixation de ces variétés par sélection artificielle peut exiger du temps, même beaucoup de temps, mais leur apparition a toujours été subite, et l'on ne peut que bien rarement, si même on le peut jamais, reconnaître avec certitude l'influence extérieure qui l'a déterminée.

Ce fait de modification rapide, en quelque sorte instantanée, des formes spécifiques actuellement existantes est, selon moi, la répétition, mais sur une échelle extrêmement affaiblie, des phénomènes évolutifs des premiers temps. Du protoplasma ou blastème primordial, se sont formés, sous l'impulsion de la force organo-plastique ou évolutive, des proto-organismes dont il serait inutile de chercher à se représenter la figure, le volume, la longévité et le nombre, mais qui devaient être fort simples de structure, asexués et doués de la propriété de produire par bourgeonnement, et avec une grande activité, d'autres proto-organismes déjà plus complexes et de formes moins indécises. Ce n'étaient ni des espèces, ni des genres, ni des ordres, mais de simples formes larvées, dans lesquelles s'élaboraient les caractères des grands embranchements ou des premières classes d'un règne. De génération en génération, les formes se multipliaient et s'accusaient davantage, et la nature s'acheminait rapidement par toutes ces voies divergentes vers ce que j'ai appelé plus haut son âge adulte. Mais en même temps que le travail de différenciation progressait, que les formes s'intégraient et se rapprochaient de l'état d'équilibre où elles devaient s'arrêter, la force évolutive allait décroissant dans la même proportion, et de créatrice qu'elle était d'abord, elle devenait simplement conservatrice du travail accompli. Cette seconde phase a dû succéder promptement à la première, et les formes considérées comme génériques être arrêtées de bonne heure ; mais, comme elles étaient voisines de leur origine et qu'elles conservaient encore une part notable de force organo-plastique, elles se sont résolues en formes secondaires, soit contemporaines, soit apparues successivement, et qui sont nos espèces, nos races et nos variétés actuelles. On peut croire avec grande vraisemblance que les espèces ou formes les mieux caractérisées sont celles qui se sont séparées le plus anciennement de l'ancêtre générique, et que les plus légères remontent à une antiquité moindre, quoiqu'elles puissent encore être fort anciennes.

De cette manière de concevoir le procès créateur il ne suit pas que le blastème primordial ait été épuisé d'un seul coup. On peut admettre que la force organo-plastique ait agi, à des intervalles de temps plus ou moins longs, tantôt sur un point de ce blastème, tantôt sur un autre ; cependant j'inclinerais plutôt à croire que le blastème ayant été promptement épuisé, les proto-organismes, sinon ceux de premier jet, du moins ceux qui succédèrent, et qu'on pourrait appeler des *méso-organismes* pour tenir compte du progrès de la différenciation, ont été graduellement dispersés sur les diverses régions du globe, portant en eux les germes des formes futures que l'évolution devait en faire sortir. Leur unique rôle dans la phase que nous considérons était de servir d'intermédiaires entre le blastème primitif et la nature arrivée à son entier développement ; ils n'étaient, pour mieux dire, que les appareils transformateurs dans lesquels la force évolutive se modelait pour apparaître sous des formes définitives. C'étaient encore, si l'on veut me passer cette expression, de grands moules, qui se résolvaient successivement en moules plus nombreux, moins larges en même temps que plus particularisés, et qui perdaient dans la même proportion le caractère de mobilité et de plasticité des premiers temps.

Cette hypothèse de proto- et de méso-organismes plastiques et passagers, dont la fonction était d'élaborer les formes définitives, n'est pas purement idéale et gratuite. De même que nous trouvons dans la nature actuelle un dernier vestige de l'ancienne plasticité, nous y trouvons aussi des organismes transitoires qui ne sont qu'un acheminement vers des formes plus élevées. Ces faits sont bien connus aujourd'hui. On peut ranger dans cette classe tous les états successifs de la vie embryonnaire, depuis le vitellus et la vésicule de Purkinje jusqu'à l'éclosion du nouvel être, mais ces états transitoires sont bien plus frappants et plus probants pour notre thèse lorsqu'ils ont lieu à l'extérieur. Qu'est-ce, par exemple, que le proembryon des Mousses et des Fougères, sinon un véritable proto-organisme ? Que sont surtout ces états singuliers de larve chez les insectes et un si grand nombre d'animaux inférieurs ? et ne trouvons-nous pas dans les formes multiples et successives des Méduses, formes prises d'abord pour autant d'animaux différents, mais que la perspicacité d'un Saars et d'un Siebold a ramenés à un seul et même être, l'image et, je dis plus, un reste du procédé ancien et général de la création? L'Ascidie elle-même, à laquelle on veut aujourd'hui rattacher l'origine des vertébrés, et par conséquent celle de l'homme, nous offre encore un exemple des plus instructifs à cet égard. «De l'œuf de l'Ascidie composée, nous dit M. de Quatrefages, sort une larve très-différente de l'animal qui l'a pondu, qui se meut avec activité, mais qui, bientôt, fixée pour toujours à un corps solide, devient la gangue commune de toute une nouvelle colonie. Sur le corps de l'animal, jusque-là solitaire, apparaissent de véritables bourgeons qui se fraient un chemin à travers cette gangue, viennent s'ouvrir au dehors dans un ordre constant pour chaque espèce; et bientôt, au lieu d'une seule Ascidie isolée, on a un groupe d'Ascidies composées, qui toutes pondront des œufs quand le moment en sera venu. » Je pourrais citer beaucoup d'autres exemples analogues, mais il est plus simple que je renvoie le lecteur au livre savant et attrayant auquel ce passage est emprunté (1).

Si l'on admet cette théorie de proto- et de méso-organismes, où aucune forme définitive n'est encore arrêtée, mais qui portent en eux-mêmes, chacun suivant le rang qu'ils occupent dans l'ordre évolutif, les rudiments des règnes, des embranchements, des classes, des ordres, des familles et des genres, et qu'on leur accorde la faculté de se mouvoir et de se transporter au loin, s'ils sont de l'ordre animal, ou d'être entraînés par les courants marins, les fleuves et les vents, s'ils appartiennent à l'ordre végétal, on s'expliquera sans aucune peine le peuplement de la terre et de l'eau, et l'adaptation des divers organismes aux conditions variées d'existence qu'ils rencontraient sur leur route, l'adaptation n'étant elle-même qu'un mode de la plasticité. Les points où ces méso-organismes se seraient fixés seraient devenus autant de centres de création secondaires, tertiaires, etc., ce qui rendrait compte de la localisation encore visible de certains groupes organiques tranchés qui n'habitent que des aires restreintes. Ces méso-organismes n'auraient pas, non plus, engendré simultanément toutes les formes qui étaient en puissance en eux; il a pu, il a même dû y avoir des intervalles considérables entre les émissions successives d'êtres vivants qui en sont sortis, de telle sorte que les groupes de même ordre (genres, familles, etc.) n'ont pas été contemporains. Il est même extrêmement probable que la création, prise dans son ensemble, a été soumise à des intermittences, pendant lesquelles beaucoup d'extinctions ont eu lieu; qu'elle a eu des périodes alternantes de grande activité et de repos relatif, ainsi que je le dirai plus loin.

Le point essentiel que je veux faire ressortir ici, c'est l'impossibilité où se sont trouvés les types organiques, même encore peu caractérisés, de se changer les uns dans les autres, ou de se servir de filière les uns aux autres, dans un

(1) *Métamorphoses de l'homme et des animaux*, p. 160.

ordre de perfectionnement ou de complexité croissante. Les voies suivies par la force évolutive ont toujours divergé, et les points de départ de ces divergences ont toujours été assez voisins du commencement des choses. Imaginons, par exemple, le méso-organisme qui a été la souche des mammifères : dès son apparition tous les ordres de mammifères, y compris l'ordre humain, fermentaient en lui ; avant d'apparaître ils étaient virtuellement distincts, en ce sens que les forces évolutives étaient déjà distribuées et particularisées dans ce méso-organisme de manière à amener, chacune à son heure, l'éclosion de ces divers ordres. C'est le même phénomène que celui du déroulement des organes dans un embryon en voie de croissance, où l'on voit sortir d'une gangue commune et uniforme des parties d'abord semblables, mais que leur *devenir* propre entraînera chacune dans une direction déterminée. Dans un embryon d'oiseau, par exemple, les quatre bourgeons qui signalent la première apparition des membres sont si semblables entre eux, qu'il serait impossible de les distinguer les uns des autres si l'on n'avait pas de points de repère dans des parties voisines plus avancées. Leur composition est identique, et cependant, sous l'impulsion irrésistible de forces évolutives déjà spécialisées, ces bourgeons se différencient et deviennent des organes très-dissemblables de figure, de volume et d'usages, quoique toujours homologues de structure. Ils ont commencé ensemble et se sont développés parallèlement, sans pouvoir se transformer ni se servir de filière l'un à l'autre. Dès avant leur apparition, les pattes et les ailes de l'oiseau étaient en puissance dans le germe et leur destinée fixée irrévocablement. C'est encore la même spécialisation des forces évolutives qui, dans un arbre, fait sortir d'un même bourgeon, les feuilles, les fleurs et les fruits. Tout y est déterminé d'avance, quant à l'espèce et quant à la forme et à la destinée des organes.

Tel est le résultat inévitable, fatal en quelque sorte, du travail latent de la force. Déjà avant de devenir visible, l'être porte en lui-même sa destinée, et elle est immuable. Croire qu'une forme, je ne dis même pas ébauchée, mais seulement en puissance dans un méso-organisme, dans un œuf si l'on aime mieux, peut se modifier en une autre, serait tout aussi erroné que de croire qu'arrivée à son développement ultime, elle peut se transformer en une autre forme arrivée au même degré d'avancement. Rien ne peut changer les courants de la force évolutive ; on peut détruire les germes des êtres, les faire dévier en monstruosités, mais jusque sous ces apparences difformes on reconnaît toujours le type de l'espèce ou de la race, et il n'y a de dégradé que l'individu. Ni l'espèce ni la race ne sont atteintes ; la forme subsiste toujours.

Les formes actuellement vivantes, animales ou végétales, ne peuvent donc pas dériver les unes des autres, parce que toutes sont intégrées, consolidées, invariables, sauf dans la faible mesure que j'ai indiquée plus haut, et qui n'est, à mes yeux, que le prolongement, le dernier reste de la plasticité primitive. L'Homme ne descend pas plus d'un singe quelconque, que le Singe ne descend d'un autre mammifère. Ni l'un ni l'autre ne remontent à l'Ascidie, qui peut bien être une forme rudimentaire ou dégradée du type vertébré, mais qui est *actuelle*, c'est-à-dire consolidée et arrêtée au même titre et au même degré que toutes les autres formes actuellement existantes, et qui n'a de force évolutive que pour produire et conserver sa propre espèce. Si la théorie transformiste était vraie, si les formes spécifiques se servaient de filière les unes aux autres pour croître en perfectionnement, et qu'il y eût toujours dans la Nature la même somme de force organo-plastique disponible, comme cette théorie le suppose, on verrait encore, du haut en bas de l'échelle organique, s'opérer le mouvement ascensionnel ; des Ascidies donner le jour à des Ascidies plus décidément vertébrées ; celles-ci à des Amphioxus ; ces Amphioxus engendrer des poissons plus parfaits, et ainsi de suite. On verrait de même les singes devenir anthropoïdes, et les anthropoïdes passer à la forme humaine. Mais il n'y aurait pas de raison pour que l'Homme lui-même restât en arrière de ce mouvement général, et, logiquement, il faudrait qu'il devînt quelque chose de plus qu'un simple mammifère bimane. Le sens commun, c'est-à-dire l'expérience universelle d'une part, d'autre part l'observation scientifique, attestent également l'impossibilité de ces transmutations, en même temps que d'autres considérations étrangères aux sciences morphologiques nous affirment la décroissance de la force dans notre système planétaire tout entier. Quand un ressort se détend, le maximum de la force dégagée correspond à l'instant même de la détente, et, à partir de ce moment, la force décroît à mesure que le ressort se rapproche de son état d'équilibre moléculaire. Le monde organique n'échappe pas à cette nécessité ; l'impulsion qu'il a reçue à son origine n'a pu ni croître, ni se soutenir égale à elle-même, dans son parcours à travers le temps et l'espace : c'est un projectile qui, si haut et si loin qu'il atteigne, finit toujours par retomber sur la terre.

I V

La théorie de l'évolution, telle que je viens de l'esquisser, se ramène donc, à partir du blastème primordial, sur lequel je reviendrai plus loin, à une création dirigée par les causes secondes, c'est-à-dire par les forces actuellement agissantes dans la nature, sans rien préjuger de l'intervention de la cause première, à laquelle il faut toujours revenir dès que les facteurs des phénomènes nous échappent. Cette doctrine si naturelle, et vers laquelle tous les faits semblent converger, a cependant soulevé une vive opposition chez un grand nombre d'hommes de science, de philosophes et de littérateurs. Cette répulsion s'explique, par les raisons suivantes :

La première est toute psychologique. C'est la résistance naturelle de notre esprit à accepter des idées nouvelles, quand elles contredisent celles auxquelles il s'est fait depuis longtemps. Par l'habitude, un véritable équilibre mental s'établit, qui devient d'autant plus stable qu'il date de plus loin. C'est comme le tassement d'une masse de terre rapportée, d'abord meuble et sans consistance, mais dont toutes les particules, tendant continuellement à se rapprocher, finissent par donner à l'amas entier une grande solidité. Ce qui se passe dans l'esprit est fort analogue à ce phénomène mécanique ; il s'y fait, à la longue, des tassements d'idées, souvent mal liées entre elles, quelquefois contradictoires les unes des autres, mais qui néanmoins se maintiennent, par l'habitude, comme parties du tout. L'histoire de la science est pleine d'exemples de cette répugnance de l'esprit humain à accepter les vérités les mieux démontrées, quand une fois il a constitué son équilibre sur des idées contraires. On a souvent parlé du peu de succès des hommes de génie et des luttes qu'ils ont eu à soutenir contre leurs contemporains, dont ils ont été méconnus et quelquefois persécutés ; les inventeurs n'ont pas été plus heureux, et leur histoire est presque un martyrologe. Faut-il en accuser la méchanceté humaine ? En aucune manière, mais simplement y reconnaître le phénomène mental très-ordinaire que je viens de rappeler. Les fondateurs de la théorie de l'évolution ont rencontré les mêmes obstacles ; ils ont lutté, ils luttent encore, mais ils gagnent tous les jours du terrain, et le temps viendra où leur hypothèse, mieux coordonnée qu'elle ne l'est encore, sera définitivement admise par la science.

Une seconde cause qui n'a pas peu contribué à faire repousser la doctrine évolutionniste a été les exagérations de ses enthousiastes. Ils ont tellement outré les conséquences du principe, qu'ils en sont venus aux affirmations les plus invraisemblables et les plus antiscientifiques. La prétendue transformation d'un singe en homme en a été la plus choquante et certainement celle qui a le plus fait pour dégoûter de leur système. Cependant cette déduction serait logique s'il était possible d'admettre que la force évolutive va croissant dans le monde, et que les formes intégrées et arrivées à l'état d'équilibre peuvent, par une sorte de miracle, subir des changements dont la cause n'est visible nulle part. Je crois avoir démontré que ces transformations sont impossibles, parce qu'une transformation, comme tout autre phénomène, exige une dépense de force, et que dans une forme achevée il n'y a plus de force évolutive à dépenser, conclusion qui est d'ailleurs parfaitement conforme à l'expérience universelle.

Enfin, ce qui a encore éloigné de la doctrine évolutionniste un grand nombre de personnes, c'est l'ardeur avec laquelle l'athéisme s'en est emparé, espérant s'en faire une arme irrésistible. Il n'en fallait pas davantage pour rejeter et maintenir les croyants dans le camp opposé. L'erreur a été la même des deux côtés, et cette précipitation, aussi inconsidérée d'une part que de l'autre, est un nouvel et mémorable exemple de la légèreté de l'esprit humain, quand il se laisse dominer par l'enthousiasme ou par la peur. Le plus simple examen eût cependant suffi pour faire reconnaître que la théorie évolutive, aussi bien que le principe de continuité dont elle découle, reste strictement neutre entre l'athéisme et la croyance à un Pouvoir créateur. Dieu pouvait faire le monde d'un nombre infini de manières, et il est tout à fait indifférent à la théologie qu'il l'ait créé d'un seul coup, sans intervention de causes secondes, ou par la voie plus lente de l'évolution et de l'enchaînement des phénomènes. A quelque hypothèse qu'on se rattache, il a fallu que la vie commençât sur notre planète, et tout commencement, tout ce qui émerge de l'invisible est inexplicable. Qu'est-ce d'ailleurs que le miraculeux, qu'est-ce que le surnaturel, sinon ce que notre esprit est impuissant à rattacher aux séries phénoménales, ce qui nous paraît être en dehors de la continuité des choses ? Je répéterais volontiers ici ce que j'ai dit plus haut à propos de la distinction des espèces : que la différence que nous mettons entre le physique et le métaphysique, le naturel et le surnaturel, est affaire de subjectivité, et que ces diverses catégories ne font que marquer le point où s'arrête pour nous la faculté de percevoir et de comprendre.

Les personnes timorées m'objecteront peut-être la tradition biblique. Loin de reculer devant l'objection, je l'accepte au contraire avec empressement. Qu'on veuille bien relire la narration mosaïque de la création ; pour peu qu'on ait l'esprit dégagé d'idées préconçues, on reconnaîtra que la cosmogonie de la Bible n'est, du commencement à la fin, qu'une théorie évolutionniste, et que Moïse a été l'ancêtre de Lamarck, de Darwin et de tous les évolutionnistes modernes. Dans cette merveilleuse histoire, les grands phénomènes de la création s'enchaînent dans un ordre si naturel et si logique, que les adversaires, même les plus déclarés, de la théologie ne peuvent refuser leur admiration à son auteur. Écoutez, sur ce point, un éminent transformiste dont le témoignage ne saurait être suspect :

« D'après la Genèse, dit M. Ernest Hæckel (1), le Seigneur Dieu forme d'abord la Terre, en tant que corps anorganique. Ensuite il sépare la lumière des ténèbres, puis les eaux et la terre ferme. Voilà la Terre habitable pour les êtres organisés. Dieu forme alors en premier lieu les plantes, plus tard les animaux, et même, parmi ces derniers, il façonne d'abord les habitants de l'eau et de l'air, plus tardivement ceux de la terre ferme. Enfin Dieu crée le dernier venu des êtres organisés, l'Homme ; il le crée à son image pour être le maître de la Terre.

» Dans cette hypothèse mosaïque de la création, deux des plus importantes propositions fondamentales de la théorie évolutive se montrent à nous avec une clarté et une simplicité surprenantes : ce sont l'idée de la division du travail ou de différenciation, et l'idée du développement progressif, du perfectionnement. Bien que ces grandes lois de l'évolution organique, ces lois que nous prouverons être la conséquence nécessaire de la doctrine généalogique,

____

(1) E. Hæckel, *Histoire de la création naturelle*, traduction par M. le docteur Ch. Letourneau, 1874.

soient regardées par Moïse comme l'expression de l'activité d'un Créateur façonnant le monde, pourtant on y découvre la belle idée d'une évolution progressive, d'une différenciation graduelle de la matière primitivement simple. Nous pouvons donc payer à la grandiose idée renfermée dans la cosmogonie hypothétique du législateur juif un juste et sincère tribut d'admiration, sans pour cela y reconnaître ce qu'on appelle une manifestation divine (1). »

On ne peut être plus explicite, et quiconque cherchera à pénétrer le sens profond de ces passages de la Genèse, ne pourra refuser à M. Hæckel de leur avoir donné leur véritable interprétation. Il y a toutefois plusieurs points essentiels du récit de Moïse qui semblent avoir échappé au savant et ingénieux transformiste, et que je crois devoir faire ressortir ici ; ce sont les suivants :

D'après Moïse, Dieu commande aux *éléments* de produire les plantes et les animaux, sans y prendre lui-même une part directe et immédiate. Lorsqu'il paraîtra sur la scène, ce sera pour achever l'œuvre de la création, par l'Homme, son chef d'œuvre. Jusque-là Dieu se borne à faire agir les causes secondes : c'est l'eau qui produit les poissons, les reptiles et les oiseaux ; c'est la terre qui enfante d'abord les plantes, puis les animaux terrestres ; et quand le moment de créer l'Homme est venu, c'est encore le limon de la Terre qui est chargé de fournir l'animal sur lequel Dieu greffera une âme faite à son image.

Dépouillez ce langage de ses formes symboliques et adaptez-le à nos conceptions modernes, vous n'aurez pas de peine à reconnaître dans ce limon le blastème primordial, le grand réservoir de la force organo-plastique et la matière première de tous les organismes. Remarquons encore, et ceci est tout à fait digne d'attention, que Moïse associe les oiseaux aux reptiles et qu'il les

(1) Le sens du Divin, comme le sens moral, qui a avec lui la plus étroite connexion, est inné et instinctif; il n'y aurait même presque pas d'exagération à dire qu'il existe chez tous les hommes, mais il est très-inégalement développé chez les divers individus, et, de plus, il est très-variable dans le même individu, suivant les influences auxquelles ce dernier est soumis dans le cours de sa vie. Le sens du Divin se manifeste sous toutes sortes de formes, depuis la superstition la plus féroce, s'il n'est pas ou s'il est mal dirigé, jusqu'à la Religion la plus parfaite, où l'amour du prochain et l'abnégation de soi-même deviennent les vertus dominantes. Il faut d'ailleurs reconnaître que la mort toujours imminente, notre impuissance contre elle, le voile impénétrable qui nous cache l'état qui la suit, le caractère si souvent tragique de la vie et le sentiment plus ou moins clair du juste et de l'injuste et de la responsabilité qui en découle, sont les causes incessantes qui entretiennent chez les hommes la croyance à un Pouvoir redoutable et irrésistible. De là aussi la commisération qu'on éprouve pour les mourants et le respect qu'on témoigne à leur dépouille. Peut-être ce respect des morts, et les cérémonies par lesquelles il s'exprime, sont-ils en grande partie l'origine du culte qu'on rend à la Divinité elle-même, maîtresse de la vie et de la mort.

La religion du tombeau est si naturelle et si profondément incrustée dans les instincts de l'humanité, qu'on a toujours regardé comme criminelles les insultes adressées aux restes de l'homme. Il ne serait pas difficile à un chimiste de supputer les bénéfices que procurerait aux vivants l'exploitation industrielle des cadavres humains, livrés au couteau des équarrisseurs, mais s'en trouverait-il d'assez audacieux contre le sentiment universel pour proposer de résoudre ainsi la question embarrassante des cimetières parisiens ? Le matérialisme peut regarder le culte des morts comme une superstition, mais il y trouvera toujours une barrière insurmontable.

fait sortir ensemble du même milieu aquatique (1). Il a donc pressenti l'étroite analogie qui relie les oiseaux aux reptiles, et qui n'a été bien établie scientifiquement que de nos jours par les recherches des zoologistes, et confirmée par la découverte d'espèces fossiles très-singulières, telles que le *Compsognathus* et l'*Archæopteryx*, animaux réellement intermédiaires entre ces deux classes de vertébrés et qui attestent bien leur origine commune (2).

Un autre point du récit de Moïse touche à l'une des questions les plus considérables de la philosophie naturelle, et l'on est étonné de trouver chez l'auteur sacré une intuition si profonde et si nette d'une loi fondamentale, qui n'est même pas encore familière à tous les savants. C'est le partage du travail créateur en périodes séparées par des temps de repos, en *journées de travail*, pour me servir de l'expression même de Moïse. On a souvent débattu cette question, presque puérile selon moi, de savoir si les jours génésiaques correspondent à des espaces de temps analogues à nos jours actuels, ou s'il ne faut voir dans cette expression qu'une métaphore sous laquelle Moïse entendait parler de périodes d'une longueur indéterminée; mais personne, que je sache, n'en a saisi le véritable sens. La durée de ces périodes, aussi bien que celle des intervalles qui les séparent, est inassignable et d'ailleurs indifférente ; ce qui est essentiel, et ce qui appelle notre attention, c'est le fait même de l'intermittence de l'activité créatrice, qui, au lieu de procéder d'une manière continue et en un seul temps, procède par efforts successifs, c'est-à-dire par *rhythmes*. Or le Rhythme est la forme nécessaire du mouvement, et de toutes les sortes de mouvements : mouvements de masses, mouvements d'atomes et de molécules, mouvements organiques et physiologiques, mouvements intellectuels et mouvements sociaux. Partout où une activité est en jeu, elle prend la forme rhythmée (3).

Si nous remontons à l'origine même du mouvement, nous parvenons à saisir la cause de ce rhythme universel. Tout mouvement est la conséquence d'une rupture d'équilibre; c'est le dégagement d'une force qui, jusque-là, était retenue à l'état potentiel par une force opposée. Mais le mouvement, en même temps qu'il résulte d'un équilibre rompu, n'est lui-même qu'un acheminement

---

(1) « *Dixit etiam Deus : Producant aquæ Reptile animæ viventis et Volatile super terram sub firmamento cæli.* » (Gen. 1, v. 20.) On remarquera que les mots *Reptile* et *Volatile* sont employés au singulier, comme si Moïse avait voulu dire qu'il n'y eût primitivement qu'une seule forme de reptile et une seule forme d'oiseau, prototypes, c'est-à-dire proto-organismes, de tous les reptiles et de tous les oiseaux qui devaient en sortir par voie évolutive. A ce texte de la Vulgate, nous joignons celui de la fameuse *Bible polyglotte d'Anvers* (version latine interlignée mot à mot au-dessous du texte hébreu, exécutée, d'après l'ordre de Philippe II, par Arias Montanus, savant orientaliste espagnol, mort en 1598 : « *Et dixit Deus : Reptificent aquæ reptile animæ viventis : et volatile volet super terram super facies expansionis cælorum* » (sic! in edit. Antverp. ann. 1613).

(2) Lyell, *The Student's Elements of Geology*, pp. 314-315.

(3) On peut lire dans les *Premiers Principes* d'Herbert-Spencer, traduction Cazelles, un très-beau chapitre sur le Rhythme.

vers un nouvel équilibre, qui, détruit à son tour, donnera lieu à un nouveau
dégagement de force. Ainsi, par le fait même du conflit de forces opposées,
s'établissent des séries plus ou moins longues d'alternances d'activité dynamique et de repos statique ; en d'autres termes, des séries rhythmées, dont la
direction se fait dans le sens de la moindre résistance, et qui ne s'arrêtent
qu'au point où la force jusque-là vaincue reprend assez d'énergie pour faire
contre-poids à la force ou aux forces antagonistes.

Ce point est important à considérer. Moïse nous montre la grande loi du
rhythme agissant dès le commencement du monde et se manifestant de la
manière la plus visible dans la création des êtres animés. Nous ne pouvons
pas douter que cette même loi n'ait présidé à toutes les évolutions ultérieures
de la nature, aussi bien dans l'ordre géologique que dans l'ordre organique, et
que la force évolutive n'ait procédé par pulsations d'autant plus énergiques que
la nature était plus près de son commencement. Insensiblement ces pulsations
ont perdu de leur violence, à mesure que la force évolutive se distribuait dans
un plus grand nombre de formes organiques et que ces formes étaient elles-
mêmes plus intégrées ; et elles sont devenues assez peu sensibles dans la période
actuelle pour que Linné, trompé par les apparences, ait pu formuler son fameux
adage. Mais la marche des choses n'en est point changée ; aujourd'hui, comme
aux premiers temps, la force procède par saccades, et il n'est pas toujours
difficile de les apercevoir (1).

V

Les philosophes darwiniens me paraissent avoir méconnu ces deux principes
du rhythme et de la décroissance des forces dans la nature. Pour Lyell,
comme pour Darwin, la marche des choses est uniforme ; les modifications
sont continuelles, mais à toutes les époques elles se font par incréments infi-
nitésimaux : aussi leur faut-il des millions de siècles pour que les effets en
deviennent perceptibles. De là, naturellement, l'idée d'une sélection incon-
sciente qui élimine sans secousse et sans bruit tout être qui ne peut pas
soutenir la concurrence d'un autre, mais qui, délivré de cette concurrence,
pourrait durer indéfiniment. C'est le *væ victis* appliqué à la nature. On a vu
plus haut que je repousse ces deux points de la théorie darwinienne, parce
que je les trouve en contradiction avec la loi du dégagement et de la réparti-
tion des forces, de même que je repousse la transformation, si lente qu'on
veuille la supposer, d'une forme achevée en une autre forme quelconque.
Toute transformation, toute modification de la forme exige une dépense de
force évolutive, et une forme achevée n'a plus de force évolutive disponible.
Il est tout aussi impossible de concevoir le changement d'une espèce simienne

(1) J'ai signalé, dans la *Revue horticole*, année 1872, numéro du 1ᵉʳ novembre,
plusieurs faits qui démontrent le mouvement rhythmé chez les plantes.

en homme, même de la race la plus dégradée, que de concevoir le retour d'un adulte à l'état d'enfance ou le changement d'attitude d'une statue de bronze dont le métal est refroidi.

L'histoire mosaïque de la création est trop instructive pour que nous ne nous y arrêtions pas quelques instants de plus ; je tiens d'ailleurs à faire voir que même la création de l'Homme nous est présentée par Moïse comme un phénomène d'évolution on ne peut plus remarquable. A part ceux des croyants qui prennent le récit biblique au pied de la lettre, et qui ne cherchent pas à découvrir le sens caché sous les symboles, on considère généralement la création d'Adam et d'Ève comme un mythe. Je ne puis accepter cette conclusion. Une tradition ne vient pas *ex nihilo* ; elle se fonde sur des faits réels, et quand elle nous est transmise par un homme aussi profondément versé dans les connaissances de son temps et doué d'un esprit aussi pénétrant que l'était Moïse, elle demande à être sérieusement examinée. Or, que nous apprend cette tradition ? Elle nous montre dans l'Humanité commençante deux phases bien distinctes. Adam, au sortir du blastème universel et du proto-organisme où la forme humaine a commencé à se dessiner, n'a point de sexe ; il n'est ni mâle ni femelle, ou plutôt il est mâle et femelle tout à la fois, en ce sens que les sexes ne sont pas encore différenciés en lui ; ce n'est qu'une larve humaine, qui n'arrivera à son état parfait que par un nouveau travail évolutif. Sa création nous offre donc encore un exemple du procès rhythmé. Suivant le récit de Moïse, Dieu fait défiler devant lui toute la série des animaux, afin qu'il y cherche l'être complémentaire de sa nature ; mais, dans cette longue revue, Adam ne trouve rien dont l'organisation corresponde à la sienne et à quoi il puisse donner son propre nom (1). Dieu alors le plonge dans un profond sommeil, pendant lequel il tire de sa substance (2) la femme qu'il lui destine pour partager ses travaux, et lorsqu'il la lui présente, Adam n'hésite pas à la reconnaître comme étant sortie de lui : ce sont bien, cette fois, les os de ses os et la chair de sa chair.

Je n'ai pas besoin de faire remarquer que la naïveté des images employées ici, images qui ne sont cependant pas sans grandeur, est proportionnée aux intelligences auxquelles Moïse s'adressait. C'est à nous de chercher sous ces figures anthropomorphiques le véritable sens du phénomène. Or rien ne se présente ici plus clairement à l'esprit qu'un développement évolutif commencé au blastème primordial, et qui s'achève à travers une série de proto- et de méso-organismes de plus en plus rapprochés de la forme parfaite et définitive. Dans sa première phase, l'Humanité couve au fond d'un organisme tempo-

---

(1) « *Adæ vero non inveniebatur adjutor similis ejus.* » (Gen. II, v. 20.)

(2) « *Immisit ergo Dominus Deus soporem in Adam, cumque obdormuisset tulit unam e costis ejus et replevit carnem pro ea. Et ædificavit Dominus Deus costam quam tulerat de Adam in mulierem, et adduxit eam ad Adam. Dixitque Adam : Hoc nunc os ex ossibus meis et caro de carne mea. Hæc vocabitur Virago, quoniam de viro sumpta est.* » (Gen. II, v. 21, 22, 23.)

raire, déjà nettement distinct de tous les autres et qui ne peut contracter d'alliance avec aucun d'eux, et c'est de cette Humanité larvée que la force évolutive va faire sortir, par une nouvelle différenciation, le complément de l'espèce. Mais, pour que ce grand phénomène s'accomplisse, il faut qu'Adam traverse une phase d'immobilité et d'inconscience très-analogue à l'état de nymphe des animaux à métamorphoses, et pendant laquelle, par un procédé de gemmation comparable à celui des Méduses et des Ascidies, le travail de différenciation s'achève et les formes sexuées se produisent. Dès ce moment l'Humanité est constituée physiologiquement, mais son pouvoir évolutif n'est pas épuisé, et il se manifeste par la production rapide des diverses grandes races qui se partageront la terre.

Il est indifférent à la thèse que je soutiens ici qu'on voie dans Adam un individu unique ou la personnification de tout un groupe humain ; il l'est de même qu'on rattache à un seul couple primitif ou à un nombre quelconque de couples, issus d'un même proto-organisme, toute la population humaine du globe. Les deux hypothèses peuvent également se soutenir. Si les croyants timorés de la Bible, ceux qui s'attachent strictement à la lettre, m'objectaient que Moïse n'a parlé que d'un seul premier couple, je leur répondrais que la suite de son récit fait supposer d'autres branches humaines parties de la même souche originelle et se développant parallèlement. On ne comprendrait pas sans cela que les deux premiers enfants d'Adam, l'un cultivateur, l'autre pasteur, exerçassent des industries qui ne pouvaient naître et se développer que par le travail collectif et social. Il fallait qu'il y eût, dès cette époque, des animaux réduits en domesticité et des plantes économiques ; il fallait de même qu'on sût travailler les métaux, forger le fer, façonner le bois en instruments de labour. Cette déduction acquiert plus de force si l'on considère que Caïn, accablé du souvenir de son crime, exprime la crainte d'être mis à mort par ceux qui le rencontreront, et que l'Éternel, pour protéger sa vie, lui imprime une marque qui le fera respecter des habitants de la terre. Peu après, Caïn fonde la ville d'Hénochia, et c'est encore une raison de croire que les hommes étaient déjà nombreux, car on ne peut concevoir qu'une ville se fonde sans habitants. Remarquons d'ailleurs que ces événements précèdent la naissance de Seth, troisième fils d'Adam, et qu'il n'est pas dit qu'Abel ait laissé une postérité.

Quelque autorité qu'on accorde à Moïse, qu'on le regarde comme un prophète inspiré ou seulement comme un homme d'un rare génie, qu'on lui attribue personnellement l'invention de la genèse biblique, ou qu'on ne voie dans son récit que l'écho de légendes égyptiennes ou chaldéennes, on est obligé de reconnaître que sa cosmogonie, de quelque part qu'elle vienne, est une théorie évolutionniste, et, malgré de vastes lacunes, malgré des obscurités inhérentes à l'expression de la pensée dans ces anciens temps, une théorie mieux combinée et plus conforme aux lois de la nature que celle des évolutionnistes modernes. M. Hæckel adresse à Moïse deux reproches qui seraient graves s'ils étaient fondés : c'est ce qu'il appelle l'*erreur géocentrique* et l'*erreur anthropocentrique*. Cette dernière n'existe pas. Moïse, tout en donnant à l'homme une origine très-humble, puisqu'il le fait sortir, comme le reste de la création, du limon de la terre, n'a rien dit de trop en le présentant comme le roi de la nature et le centre auquel aboutit toute l'animalité, fait attesté par l'expérience de tous les temps et plus visible aujourd'hui que jamais. Quant à l'erreur géocentrique, qui consiste à faire du globe terrestre le centre de l'Univers, elle est plus apparente que réelle. Pour le but qu'il avait en vue, il n'était pas nécessaire que Moïse devinât la théorie copernicienne ; et, l'eût-il devinée, ce qui ne serait pas impossible, il aurait dû en garder le secret pour ne pas compromettre son autorité sur les masses ignorantes, brutales et indociles dont il voulait faire une nation. Imagine-t-on l'accueil qu'elles lui auraient fait s'il s'était avisé de leur dire, contre l'apparence la plus entraînante et contre la croyance la plus enracinée, que la Terre tourne perpétuellement sur elle-même et autour du Soleil ? L'aventure de Galilée, arrivée cependant à une époque bien autrement éclairée que celle où vivait Moïse, est là pour nous apprendre qu'on ne heurte pas impunément les idées de tout le monde, et que Moïse a fait sagement de se conformer sur ce point aux idées reçues (1).

VI

Le monde terrestre vit encore aujourd'hui de la somme de force organoplastique qui était contenue à l'état potentiel dans le blastème primordial, quantité limitée et qui n'a pas pu s'accroître. Depuis l'origine de la vie sur ce globe, elle s'est distribuée et elle continue à se distribuer dans un nombre incalculable d'êtres vivants, mais ce nombre ne saurait être infini. Elle décroît nécessairement, non qu'elle s'annihile, car son principe, comme celui des autres énergies de la nature, est indestructible, mais parce qu'elle se dégrade, c'est-à-dire qu'elle passe sous des formes qui ne peuvent plus servir à l'entre-

---

(1) Il serait inexact d'ailleurs de prétendre que Moïse a fait de la Terre le centre du monde. Sa cosmogonie ne va pas plus loin que notre système solaire, et il ne dit nulle part que le Soleil et tout le ciel tournent autour de la Terre. Il se borne à ceci : que Dieu créa le soleil et la lune pour éclairer la terre, ce à quoi on n'a rien de sérieux à objecter. Voici ses propres expressions : « *Dixit autem Deus : Fiant luminaria in firmamento cœli, et dividant diem ac noctem, et sint in signa et tempora, et dies et annos ; ut luceant in firmamento cœli et illuminent terram. Et factum est ita. Fecitque Deus duo luminaria magna, luminare majus, ut præesset diei, et luminare minus, ut præesset nocti, et stellas.*» (Gen. i, v. 14-16.) Par les mots : *firmamentum cœli*, on doit entendre l'équilibre sidéral, déjà établi bien avant l'apparition des premiers êtres organisés. Quant à la création des astres, y compris le soleil et la lune, c'est-à-dire de tout ce que renferme le ciel, Moïse nous dit, dès le commencement même de son récit, qu'elle précéda tous les autres phénomènes : *In principio Deus creavit cœlum et terram.* Rien n'empêche même de traduire, si on le veut, cet *In principio* par *De toute éternité*, comme on le fait pour l'*In principio erat verbum* de l'Évangile de saint Jean.

tien de la vie, et, sous ce rapport, elle n'est point une **exception** dans le faisceau de forces qui mettent l'Univers en mouvement. Tous les réservoirs de la force s'épuisent, tous les astres marchent vers leur intégration, tous les ressorts se détendent ; partout la force se dégrade et ramène insensiblement le monde à un équilibre universel. Ce sera la mort de la nature. Mais, par un acte de la volonté toute-puissante qui a déjà monté les rouages de notre système planétaire, cet équilibre sera vraisemblablement détruit à son tour ; les forces seront condensées dans de nouveaux ressorts ; une nature nouvelle sortira du chaos, et, suivant la loi du rhythme, la vie recommencera un nouveau cycle.

Il est essentiel qu'on se pénètre bien de ce fait que la force n'est active qu'autant qu'elle sort de l'état potentiel ou de tension, et que pour qu'un phénomène se produise, il faut qu'il y ait accumulation de force dans un réservoir, un ressort quelconque, et que ce ressort soit amené à se détendre. Toutes nos machines sont fondées sur ce principe, et les mécanismes vivants, les organismes de toute nature, grands ou petits, simples ou compliqués, végétaux ou animaux, sont soumis à la même loi. Le moindre mouvement que fait une plante héliotropique, sa croissance, la circulation de la séve, la transformation de cette séve en organes, tous les actes intérieurs ou extérieurs, visibles ou invisibles, dont elle est le siége, exigent une dépense de force qui a été à l'état potentiel dans quelqu'une de ses parties ; en un mot, il faut que la plante brûle du carbone et respire à la manière d'un animal. Il lui est impossible de saisir la force libre, de l'accumuler dans ses organes et de la transformer en actes physiologiques. La chaleur extérieure du sol et de l'atmosphère est nécessaire à la plante pour que sa séve entre en mouvement, mais le seul effet de cette chaleur libre est de produire le mouvement thermique, l'oscillation, et je dirais presque le glissement des molécules les unes sur les autres, à très-peu près comme dans un morceau de fer qui n'est pas malléable à froid, et qui le devient quand il sort rouge du feu de la forge. Une plante tenue dans une obscurité totale peut encore grandir, mais aux dépens de sa propre substance ; elle brûle ses dernières réserves de combustible, sans ajouter une molécule solide à sa masse, sans même pouvoir réparer les pertes qu'elle fait, et elle finit par mourir d'inanition. Ce qui détermine le véritable accroissement de la plante, c'est la lumière, un état dynamique de la force, qui seule a le pouvoir d'en monter les ressorts, de s'y accumuler dans des combinaisons chimiques d'une certaine stabilité, et finalement de se convertir en d'autres modes de la force, qui sont tous les phénomènes caractéristiques de la vie.

Le blastème primordial, sur lequel j'ai fondé ma conception de la théorie évolutive, n'est donc, à le considérer au point de vue dynamique, qu'un immense réservoir de force à l'état de tension, et dont la détente a marqué le commencement de la vie sur ce globe. Si les faits s'enchaînent à partir de ce point initial, il n'en est plus de même au delà. Non-seulement nous ne pouvons pas expliquer l'origine de ce blastème, mais nous ne pouvons même pas concevoir par quel moyen s'est faite la détente du ressort, ni quel agent a déterminé la direction que devait prendre le torrent de la vie. Nul doute que des causes secondes n'aient encore agi ici, mais elles sont tellement hors de vue, que par aucun effort d'esprit nous ne pouvons les atteindre. Est-ce une dissymétrie des forces qui a fait pencher la balance d'un côté et précipité le mouvement évolutif sur la pente où il n'a pas encore cessé de rouler, ou bien faut-il admettre, ainsi que je l'ai hasardé il y a quelques années dans un autre travail, l'intervention d'un agent cosmique, extra-terrestre, qui est venu, au moment précis, troubler l'équilibre du blastème par une influence analogue à la fécondation sexuelle ? Devant ces inconnaissables il n'y a qu'un parti à prendre : c'est de franchir d'un bond toute la série des causes secondes pour arriver à la cause première, l'Être absolu, inconditionné, omniprésent, le *Deus in quo vivimus, movemur et sumus* (1), et en procédant ainsi, nous ne sortons toujours pas du principe de continuité.

Dans tous les cas, la moins concevable des hypothèses, celle qui se rapproche le plus du miracle, ou plutôt qui serait un miracle du premier ordre si elle pouvait être fondée, est celle d'une génération spontanée. Le mot seul de *spontané* implique une chose impossible, une solution de continuité dans la série des phénomènes, un mouvement organique qui naîtrait de lui-même et n'aurait point été communiqué, un dégagement de force qui n'aurait été nulle part à l'état potentiel, un arrangement qui sortirait de la confusion des choses. Ce serait vouloir faire quelque chose avec rien. L'ingénieux Hæckel a usé beaucoup d'érudition et d'esprit contre cette difficulté, bien entendu sans la résoudre. Il distingue avec raison deux degrés, deux modes divers dans la génération dite spontanée : la *plasmagonie*, qui est la génération spontanée de nos hétérogénistes, c'est-à-dire celle où l'on suppose que des êtres vivants peuvent se former à l'aide de détritus organiques, contenant encore les matières plastiques qui ont servi, sous d'autres formes, aux manifestations vitales ; et l'*autogonie*, qui serait une génération de toutes pièces, sans antécédents organisés, la vie sortant du non vivant, l'organisé de l'inorganique. Entre ces deux hypothèses la distance est énorme. L'hétérogénie proprement dite, quoique battue en brèche de toutes parts, n'est pas absolument vaincue ; elle compte encore des partisans, et, à la rigueur, elle peut être conçue comme possible, parce qu'un corps organisé, quoique abandonné par la vie, contient encore une certaine quantité de force organo-plastique dans ses agrégats moléculaires, tant qu'ils n'ont pas été réduits par les affinités chimiques ordinaires. Toutefois, même en accordant aux hétérogénistes que des monades, des bactéries ou des corpuscules vivants quelconques peuvent naître dans les infusions de matières organiques et dans les liquides putrescibles, il est à remarquer que ces formations nouvelles ne vont pas plus loin et qu'elles n'engendrent aucun

____

(1) Act. Apost. XVII, v. 28.

organisme plus élevé qu'elles-mêmes, Ce n'est donc pas le commencement de la vie, c'en est au contraire la fin.

VII

La génération spontanée autogonique a de bien autres prétentions. Ici, en dépit de toutes les forces chimiques de l'ordre inorganique, qui règnent en souveraines là où elles ne sont pas contre-balancées par la vie, il se formerait, *de soi*, des composés instables, tels qu'ils doivent être pour servir aux manifestations vitales. Les matières protéiques ou albuminoïdes, si facilement décomposables, si putrescibles quand leurs agrégats moléculaires ne sont pas maintenus par la vie, et que nous ne voyons se former que sous l'empire de la vie, se seraient agencées d'elles-mêmes pour produire la vie. Il y a là un cercle vicieux qui n'échappera à personne. Ces matières albuminoïdes, considérées au point de vue mécanique, sont des contenants de la force, des *ressorts tendus*, pour me servir de l'expression rigoureusement exacte que j'ai déjà employée plusieurs fois ; d'où viendrait cette tension, cette victoire de la vie, qui n'existe pas encore, sur les forces actuelles et prépondérantes de la chimie minérale ? Autant vaudrait dire qu'un arc peut se bander lui-même, ou que les poids qui font mouvoir les rouages d'une horloge, tant qu'ils sont sollicités par la pesanteur, peuvent remonter d'eux-mêmes à contre-sens de la pesanteur. A vrai dire, ce serait le mouvement spontané, c'est-à-dire le mouvement perpétuel, et en fin de compte ce serait toujours vouloir tirer quelque chose de rien.

Les transformistes partisans de l'autogonie allèguent les produits de la synthèse chimique, les composés carbonés, déjà nombreux, qui sont sortis de nos laboratoires, et surtout l'urée, substance azotée qui, déjà, selon eux, se rapprocherait des matières albuminoïdes, et sur laquelle ils fondent l'espoir que ces dernières seront un jour produites artificiellement. Il est peu probable que cet espoir soit jamais réalisé ; mais, le fût-il, l'autogonie n'en serait pas plus avancée. Rien n'est plus facile que d'extraire des animaux et des plantes des matières protéiques et albuminoïdes toutes formées, mais dès qu'elles sont soustraites à l'action que la vie exerçait sur elles, elles entrent en décomposition, sans produire rien de vivant, sauf les bactéries des hétérogénistes, si l'on accepte leur hypothèse, et ce n'est encore là que le dernier soupir de la vie. C'est que, entre un organisme et un agrégat chimique, quelles qu'en soient la composition et la complexité, il y a un abîme. Un organisme est une structure, une forme, un arrangement de parties qui n'a plus rien de chimique ; en lui s'agite un élément d'un autre ordre, qui domine la matière et règle les transformations de la force, et qui, quoique invisible et insaisissable, nous atteste son existence par ce long enchaînement de phénomènes que, dans notre ignorance, nous appelons la *vie*.

Enfin, les partisans de l'autogonie se sont rejetés sur la cristallisation pour
en déduire la possibilité de la formation spontanée d'un organisme vivant. Ici
encore il n'y a aucun lien possible entre les termes qu'on veut rapprocher.
Qu'est-ce qu'un cristal? Rien de plus qu'un empilement géométrique de molécules de même volume et de même forme, que la cohésion tient rapprochées
en parfait équilibre et dans des rapports mutuels invariables, et qui dure
aussi longtemps qu'une force extérieure ne vient point troubler cet équilibre.
Toutes ces molécules agrégées sont immobiles, abstraction faite du mouvement
thermique ou d'oscillation communiqué par la chaleur ambiante. Une pile
régulière de boulets de même grosseur et de même sphéricité donne une
idée à très-peu près exacte d'un cristal.

Quelle différence de là à la structure d'un être vivant, même du plus
simple ! Ici ce n'est pas seulement la figure extérieure et la composition hétérogène qu'il faut considérer, c'est avant tout et surtout l'incessante mobilité
des molécules, dont les rapports mutuels se modifient à tous les instants. Dans
l'être organisé et vivant tout est en branle, tout change de place, toutes le
associations moléculaires se font et se défont tour à tour. Par la matière qui le
compose, l'être vivant n'est jamais identique avec lui-même dans deux instants
consécutifs, et, comme l'a si bien dit Cuvier, c'est un tourbillon qui entraîne
dans ses profondeurs, sans cesse et sans relâche, les molécules du monde
extérieur. Qu'y viennent-elles faire ? Rien autre chose qu'y décharger la force
qu'elles contiennent. Chacune de ces molécules est un ressort, utile tant qu'il
contient de la force disponible, inutile et nuisible dès qu'il est détendu, et dont
l'organisme se débarrasse. Tout acte vital, ainsi que je l'ai déjà dit, est une
dépense de force ; tout mouvement moléculaire, tout mouvement d'organe ne
se fait qu'au prix d'une désintégration. Le muscle brûle quelque chose de sa
substance pour se contracter ; le cerveau, véritable provision de combustibles,
est en perpétuelle conflagration pour transformer en sensations les chocs du
monde extérieur et fournir à l'âme les matériaux de la pensée. Tout ce qu'il
y a de matériel et de visible dans l'animal n'est qu'agencement mécanique et
physico-chimique ; tout cela n'est qu'appareil de transformation et n'est pas
l'animal lui-même. Ce que le corps organisé et vivant rejette comme devenu
inutile, ce sont précisément ces matières carbonées et cette urée, que la synthèse chimique parvient à produire, mais qui ne sont plus ici que des résidus
inutiles, des scories dont l'être vivant n'a que faire.

Il n'y a donc, comme on le voit, aucune comparaison à établir entre le
cristal et l'organisme vivant. Le premier représente la symétrie géométrique,
l'inertie, l'immobilité, l'équilibre éternellement stable ; l'autre, la dissymétrie,
l'activité incessante, l'équilibre perpétuellement rompu et rétabli, le mouvement et ses rhythmes, la vie et la mort. Je le répète : entre les deux l'abîme
est infranchissable.

Invoquer la différenciation pour expliquer que le complexe peut sortir du simple, l'organisé de l'inorganique et le plus organisé du moins organisé, n'est rien de plus que faire une pétition de principe. La différenciation est l'évolution elle-même, et, par la force du principe de continuité, elle n'est que la conséquence de phénomènes qui, eux-mêmes, remontent à des causes antérieures. Le raisonnement nous ramène donc toujours, de cause seconde en cause seconde, à cette limite de perceptibilité au delà de laquelle tout s'efface et se perd dans l'inconnaissable. Tous les phénomènes, aussi loin que nous puissions les suivre ou les imaginer, sont relatifs à d'autres phénomènes. Mais l'idée de *relatif* entraîne celle d'*absolu*, et nous ne pouvons concevoir une série de relatifs sans un absolu qui leur serve de soutien. Qu'on l'appelle comme on voudra ; qu'on l'enveloppe de symboles abstraits ou qu'on le revête de formes anthropomorphiques, seules accessibles au vulgaire, il n'en reste pas moins le terme où l'esprit de l'homme, par sa pente naturelle, va chercher le point d'appui de toutes ses conceptions.

VIII

La théorie de la descendance des êtres et de leur parenté originelle est sans doute hypothétique, ainsi que je l'ai déjà dit, mais entre cette hypothèse et celle de la création primordiale et indépendante de ce qu'il nous plaît de déclarer *Espèce*, le choix n'est pas indifférent. Je crois avoir démontré par ce qui précède que la théorie évolutive est à la fois plus conforme à la tradition mosaïque et aux grandes lois de la nature que toute autre hypothèse qu'on voudrait lui opposer. Il y a d'ailleurs un autre argument à faire valoir en sa faveur, argument peu scientifique, j'en conviens, mais néanmoins de grande conséquence au point de vue théologique comme au point de vue social. On comprend que je veux parler du genre humain, dont l'unité spécifique est aujourd'hui plus contestée qu'elle ne l'a jamais été. Personne ne doute qu'il n'y ait entre le blanc et le nègre, l'Esquimau et l'Arabe, le Lapon et l'Hindou, et même entre le Scandinave et l'Espagnol, etc., plus de différences, et des différences plus faciles à saisir, qu'entre telles et telles formes affines qu'un naturaliste de l'école de M. Jordan considérera comme radicalement différentes depuis l'origine des choses. Les traits de ces diverses races d'hommes, leur conformation anatomique, leurs aptitudes mentales, leurs penchants, leurs mœurs et leurs idiomes si nettement tranchés, se transmettent héréditairement avec toute la fidélité qui caractérise les espèces le mieux établies. Ces races sont irréductibles les unes aux autres ; jamais une variété blanche ne s'est formée parmi les nations nègres, pas plus qu'une variété nègre parmi les blancs. C'est bien là, si je ne me trompe, le critérium de l'espèce, tel que le conçoit M. Jordan, « critérium sans lequel on s'ôte toute possibilité d'établir des distinctions solides ». Or, il n'y a pas de milieu possible entre les deux alternatives suivantes : ou le critérium de la permanence héréditaire des formes a la valeur que lui attribue M. Jordan, et alors il faut admettre, dans le genre humain, la pluralité d'espèces originellement différentes et *sans parenté*, ce qui est formellement contraire à la tradition biblique, à la doctrine de l'Église chrétienne, à la morale elle-même et aux principes qui dirigent les sociétés civilisées ; ou, si l'on admet pour le genre humain, malgré ses différences ethniques si frappantes et si constantes, l'unité d'origine à partir d'un premier ancêtre, ainsi que l'enseignent Moïse et l'Église, la plus vulgaire logique veut qu'on étende ce principe au reste de la création. Les anthropologistes, pas plus que les botanistes, ne s'accordent sur le sens à donner au mot *Espèce*. Pour quelques-uns, toutes les races humaines se ramènent à une seule espèce, qui a varié dans le cours du temps : ce sont les *monogénistes ;* pour la plupart des autres, l'Humanité se rattache à plusieurs souches primitives, indépendantes, irréductibles l'une à l'autre, mais réductibles, suivant les transformistes, à une ou plusieurs espèces de singes, devenus, on ne sait comment, plus ou moins anthropoïdes : ceux-là sont les *polygénistes*. Nous retrouvons donc encore ici le *tot capita tot sensus*, c'est-à-dire l'arbitraire et la fantaisie. Pourrait-il en être autrement ? Assurément non ; la subjectivité des anthropologistes, pas plus que celle des botanistes, n'acceptera une règle qu'on ne pourrait fonder ni sur un principe, ni sur un fait démontré, et qui ne serait elle-même qu'un produit de la fantaisie et de l'arbitraire.

En face d'hypothèses invérifiables, toute définition *objective* de l'Espèce est impossible, et il faut ou se contenter des définitions aventurées de Linné et de ses successeurs, ou admettre, avec moi, que l'Espèce, la Race et la Variété sont des catégories *purement rationnelles*, que le libre arbitre de chacun élargit ou rétrécit suivant l'impression que la vue des objets lui fait éprouver, impression qui varie d'homme à homme, et même chez le même homme, suivant les états mentaux par lesquels il passe successivement. De toutes manières on se heurte ici à l'arbitraire, mais je suis loin d'y voir le danger que M. Jordan redoute pour la science. D'abord la science n'est pas tout entière, bien s'en faut, dans la distinction des espèces, surtout des petites espèces comme celles auxquelles on applique le nom de races ou d'espèces affines ; ensuite, même avec leurs divergences de sentiment, les naturalistes tombent toujours assez facilement d'accord sur les formes tranchées, et c'est un cas qui se présente souvent. Quant aux espèces affines proprement dites, il n'est pas impossible qu'en se faisant des concessions mutuelles ils ne parviennent à s'entendre et à fixer à l'amiable les limites auxquelles il conviendra de s'arrêter, pour ne pas surcharger de mots des sciences qui n'en sont déjà que trop encombrées, et qui ne tarderaient pas, sans cette prudente réserve, à devenir inabordables.

Je ne suis point systématiquement hostile aux morcellements que M. Jordan veut faire subir aux espèces trop larges, et j'admets ses espèces affines au même titre que toutes les autres, c'est-à-dire comme de simples catégories qui ne peuvent être soumises à d'autres règles que le jugement et le tact du nomenclateur ; mais j'ajoute que le nomenclateur devra savoir s'arrêter sur cette pente du morcellement, dont l'exagération entraînerait les plus graves conséquences. Je crois, comme le philosophe Protagoras, que l'homme est la mesure de toutes choses, que c'est nous-mêmes qui faisons le grand et le petit, le beau et le laid, le bon et le mauvais, comme c'est nous aussi qui faisons le chaud et le froid, les sons, les couleurs, les splendeurs de l'aurore, l'azur du ciel, tous les états de conscience, en un mot, que nous reportons dans le monde extérieur. Toutes nos mesures sont calculées sur l'étendue de nos facultés ; tous nos instruments sont proportionnés à nos forces ; les faire trop grands ou trop petits serait nous condamner à ne pas pouvoir nous en servir. Or l'Espèce est la mesure à laquelle nous rapportons toute la création organisée, l'instrument sans lequel l'ensemble de ces êtres ne serait pour nous qu'un tout confus, que nous ne pourrions ni inventorier, ni analyser, ni classer, ni décrire, et cette nécessité maintiendra toujours le cadre de l'**Espèce** dans des proportions dont le sens individuel et privé ne pourra jamais beaucoup s'écarter. Le *possible* sera ici, comme en tout ce que nous entreprenons, la loi suprême à laquelle nous serons forcés de nous soumettre.

La vie humaine est courte, la mémoire a des limites et est sujette à des défaillances, et la science est si vaste, que la vie entière de l'homme le mieux doué lui suffit à peine pour en effleurer les diverses branches. Chacune de ces branches, prise à part, est même encore beaucoup trop grande pour qu'un seul homme puisse l'embrasser dans sa totalité, et si l'on veut qu'elle s'accroisse sur quelques points, il faut la diviser elle-même en de nombreux rameaux, dont un seul suffit à occuper un homme toute sa vie. Cette nécessité de diviser le travail scientifique est partout visible ; elle l'est surtout en histoire naturelle, où l'anatomie, l'embryogénie, la physiologie, l'organographie, la systématique, réclament chacune des groupes de travailleurs, qui se taillent, dans ces divers compartiments de la science, des spécialités souvent fort restreintes. La seule étude de la flore d'un pays de moyenne étendue, de la France par exemple, est plus que suffisante pour accabler la mémoire d'un homme, et l'on doit désespérer de voir jamais un botaniste assez assidu et assez exceptionnellement doué pour se rendre familières la flore phanérogamique et la flore cryptogamique de notre pays, même en conservant le large format des espèces linnéennes. Que serait-ce donc, si, le principe de M. Jordan étant admis dans la pratique, notre flore indigène décuplait le nombre de ses espèces par l'adjonction des espèces affines !

Mais que dire du morcellement jordanien s'il fallait l'appliquer à la flore du globe tout entier ? Un simple coup d'œil jeté sur les ouvrages de botanique descriptive suffit pour en faire voir l'impossibilité. La phanérogamie seule compte déjà plus de cent mille espèces, et j'entends des espèces à la façon de celles de Linné, et ce nombre sera probablement doublé avant un siècle, car on est bien loin d'avoir suffisamment exploré le globe. Le nombre des espèces cryptogames (Algues, Lichens, Champignons, Mousses, Fougères, etc.) est peut-être tout aussi grand. Se fait-on une idée du travail qu'exigera la flore complète de la Terre, même en ne tenant aucun compte des espèces affines ? Nous pouvons en juger par l'histoire du *Prodromus* de De Candolle, telle qu'elle nous est racontée par le fils de l'illustre fondateur de cette œuvre colossale (1). Commencé vers 1822, par Augustin-Pyramus de Candolle, le *Prodromus* a occupé trois générations de botanistes de la même famille, aidés par trente-trois collaborateurs. Il a fallu cinquante ans pour composer dix-sept volumes, où se trouvent décrites 58 975 espèces dicotylédones (2). Mais ce nombre devra être accru de bien des milliers d'espèces introduites trop tardivement dans les collections pour avoir pu trouver place dans ces volumes (surtout dans les premiers), sans parler de celles qu'il y aura encore à récolter dans de vastes pays jusqu'ici peu ou point explorés. Cependant ce ne sont là encore que les Dicotylédones ; il reste à y ajouter l'embranchement entier des Monocotylédones, que les rédacteurs du *Prodromus*, à bout de forces, ont été obligés de laisser à leurs successeurs. Plus on y réfléchit, plus on arrive à conclure que la totalité des plantes phanérogames du globe entier atteint à bien près de 200 000 espèces, si même elle ne dépasse ce nombre déjà écrasant.

En supposant que le *Prodromus* trouve des continuateurs et qu'on achève la révision de la végétation phanérogamique, on ne sera pas pour cela au bout du travail. Il y aura encore à décrire l'immense flore cryptogamique, beaucoup plus difficile à étudier et à classer en espèces que les Phanérogames. On ne saurait présumer, même approximativement, ce que sera un jour le nombre de ces espèces, mais certainement il sera énorme, et le dépouillement en sera excessivement laborieux, tellement laborieux, qu'on ose à peine espérer qu'il se trouvera des hommes assez courageux et assez favorisés par les circonstances pour l'entreprendre. Il y aura encore une autre difficulté à vaincre, qui semble légère au premier abord, presque puérile, mais qui se fera de plus en plus sentir à mesure qu'on avancera dans cet inventaire de la végétation du globe : ce sera de trouver des noms encore neufs, c'est-à-dire qui n'aient pas déjà été employés, pour désigner tant de genres nouveaux et tant d'espèces, parce qu'après tout les vingt-cinq lettres de l'alphabet, voyelles et consonnes, ne peuvent fournir qu'un nombre limité de combinaisons acceptables et, surtout pour les noms spécifiques, ayant une signification quelconque Eh bien, supposons qu'on essaye d'appliquer à la botanique descriptive le principe du morcellement des larges espèces, au point que

---

(1) *Prodromi systematis naturalis Historia*, etc. auct. Alph. de Candolle. Paris, 1873.

(2) Le tome premier du *Prodromus* a paru en 1824, mais il avait été préparé en grande partie par les deux volumes du *Regni vegetabilis Systema naturale*, publiés en 1818 et en 1821, et dont le plan avait été conçu dès 1812 ; de sorte que l'on peut évaluer à plus de soixante années le laps de temps consacré à l'élaboration du tableau systématique complet des Dicotylédones.

le nombre total de celles qu'il y aurait à distinguer et à décrire fût seulement décuplé, nous arriverons à un nombre de plusieurs millions d'espèces, dont la description et la nomenclature seront absolument impossibles. Ce sera le chaos dans les collections, dans les livres et dans les esprits, et la systématique périrait dans cette poussière d'espèces affines, indiscernables sur le sec, et souvent aussi sur le vivant, si la force majeure du *possible* ne ramenait bientôt les botanistes à l'emploi d'un mètre moins infinitésimal que celui de l'école jordanienne.

Cette tour de Babel, si l'on pouvait la construire, aurait-elle du moins quelque utilité scientifique? Je dis que, de ce côté encore, il faut perdre tout espoir. Nous avons déjà vu à l'œuvre ceux qu'on pourrait appeler les *outranciers* du morcellement spécifique, et il serait superflu de rappeler ce que sont devenues, entre leurs mains, certaines bonnes espèces de Linné, que tout le monde reconnaissait aisément avant qu'ils les eussent hachées en morceaux, et qui, depuis ce perfectionnement, ne présentent plus, dans les livres du moins, qu'un inextricable *magma*. Quel service ont-ils par là rendu à la science? Quelle idée nouvelle y ont-ils introduite? Ils ont consumé le meilleur de leur temps et de leurs forces à chercher des minuties qu'eux seuls aperçoivent et qui, en fin de compte, n'aboutissent qu'à grossir une nomenclature déjà très-embarrassante. Je suis bien tenté d'appliquer aux résultats de ce patient labeur l'adage cruel : *Verba et voces prætereaque nihil.*

Où je me rencontre mieux avec M. Jordan et son école, c'est lorsqu'il dit que la science doit s'appuyer sur les faits. Toutefois je fais encore observer que la science n'est pas un simple catalogue de faits, mais un produit du travail intellectuel, qui juge la valeur des faits, qui les classe d'après leurs véritables rapports, et sait en déduire les lois générales dont ils sont l'expression. On peut être un très-savant botaniste sans connaître la centième partie des plantes cataloguées dans nos livres, de même qu'on peut connaître des milliers d'espèces et en retenir imperturbablement les noms sans mériter pour cela le titre de savant. D'un autre côté, tous les faits ne sont pas également bons à recueillir; il y en a beaucoup qu'il faut savoir négliger, parce qu'ils surchargeraient la mémoire et les livres sans aucun profit; d'où il suit que, pour observer simplement les faits, il faut être doué d'un certain discernement, et que c'est faute de ce discernement que la littérature scientifique est encombrée de travaux inutiles. Reconnaissons, et cela malgré des affirmations avancées à la légère, que l'intuition et l'imagination ont toujours eu et auront toujours une grande part au développement et au progrès des sciences, et que tous les hommes de génie ont été des hommes à intuitions. Quoi qu'en disent quelques esprits médiocres, la science vit d'hypothèses, et, aussi bien que la Religion, elle a son point de départ dans des à priori indémontrables, qui tirent toute leur autorité du témoignage de la conscience.

Je suis tout à fait d'accord avec M. Jordan lorsqu'il nous dit que l'homme de science doit s'éclairer des lumières de la métaphysique et de la philosophie : j'ose même dire que, sous ce rapport, il y a de grandes lacunes à combler dans l'éducation du savant. Si ces lacunes n'existaient pas, on aurait aperçu depuis longtemps qu'il y a encore, pour la science, des voies nouvelles à explorer. Je n'en signale qu'une, mais une des plus importantes et dont il serait le plus urgent de s'occuper : la psychologie animale, qui est tout entière à créer. Son jour ne peut manquer de venir, car il est impossible qu'on ne sente pas, tôt ou tard, qu'elle est le complément de la zoologie et de la physiologie comparées, et même que, sans elle, la psychologie humaine ne s'achèvera pas. L'objet de la science est un tout, et, s'il est vrai qu'on ne peut connaître le tout qu'en en connaissant les parties, il ne l'est pas moins que, pour connaître les parties, il faut connaître le tout, qui, seul, explique la vraie nature, la liaison et le but des parties.

J'admets encore, avec M. Jordan et avec le sens commun, que la théologie est la boussole la plus sûre pour la conduite privée. Mieux qu'aucune autre doctrine elle règle les actions et arrête les écarts de la liberté, cette prérogative à la fois glorieuse et souvent funeste par laquelle l'Homme se différencie de l'animal; mais ce que je ne puis concéder, c'est que la théologie serve de flambeau à la science. Toutes deux sont légitimes, mais elles correspondent à des aspirations différentes ; toutes deux doivent rester indépendantes dans leurs allures, pour que leurs décisions fassent autorité. La théologie et la science ont toujours fait mauvais ménage et se sont nui mutuellement toutes les fois qu'on a voulu les enchaîner l'une à l'autre. Il y a entre elles incompatibilité d'humeur. Le propre de la science est la libre recherche dans toutes les voies accessibles à l'esprit humain, et, tant qu'elle reste sur son domaine, toutes les audaces du libre-penser doivent lui être permises. Ses erreurs, lorsqu'elle en commet, c'est à elle-même de les redresser, et il n'est pas à craindre que ces erreurs s'éternisent dans un temps où toutes les théories sont discutées et contredites. Mais, malgré leur antagonisme, qui est plus apparent que réel, la théologie et la science convergent vers une même fin, qui est, si je ne me trompe, de résoudre le problème de la destinée humaine. Appuyée sur les données premières de la raison, sur des instincts indéfectibles, sur le sentiment et sur l'histoire, la Religion nous affirme un avenir dont les conditions seront déterminées par l'usage que nous aurons fait de notre liberté. Cet avenir, quel qu'il soit, la science prétend le découvrir par ses seules ressources. Jamais elle ne perd de vue ce but suprême de ses efforts, et malgré ses hésitations et ses défaillances, malgré des chutes fréquentes sur cette voie périlleuse, il ne semble pas téméraire d'espérer qu'à mesure qu'elle deviendra plus large et plus sûre d'elle-même, elle nous donnera de plus en plus aussi la certitude de ce qui n'est encore qu'un impérieux désir de notre nature : l'immortalité de l'âme, la vie future, la justice éternelle.

Extrait du *Bulletin de la Société botanique de France*, tome XXI, séance du 13 novembre 1874.)

PARIS. — IMPRIMERIE DE E. MARTINET, RUE MIGNON 2